特色农产品质量安全管控"一品一策"丛书

桃全产业链质量安全风险管控手册

孙彩霞　主编

中国农业出版社

北　京

图书在版编目（CIP）数据

桃全产业链质量安全风险管控手册／孙彩霞主编
. —北京：中国农业出版社，2023.3
ISBN 978-7-109-30508-3

Ⅰ.①桃⋯　Ⅱ.①孙⋯　Ⅲ.①桃－产业链－质量管理
－安全管理－湖州－手册　Ⅳ.①S662.1-62

中国国家版本馆CIP数据核字（2023）第041854号

中国农业出版社出版
地址：北京市朝阳区麦子店街18号楼
邮编：100125
责任编辑：阎莎莎　　文字编辑：宫晓晨
版式设计：杨　婧　　责任校对：吴丽婷　　责任印制：王　宏
印刷：中农印务有限公司
版次：2023年3月第1版
印次：2023年3月北京第1次印刷
发行：新华书店北京发行所
开本：787mm×1092mm　1/24
印张：3
字数：30千字
定价：35.00元

特色农产品质量安全管控"一品一策"丛书

总 主 编：杨 华

《桃全产业链质量安全风险管控手册》

编 写 人 员

主　　编　孙彩霞

副 主 编　金检生　刘玉红

技术指导　杨　华　王　强　褚田芬

参　　编　（按姓氏笔画排序）

　　　　　于国光　任霞霞　杨丽丽　陆鸿英

　　　　　陈丽萍　郑蔚然　雷　玲

前　言

　　"西塞山前白鹭飞，桃花流水鳜鱼肥。"唐代诗人张志和的这首《渔歌子·西塞山前白鹭飞》，生动地描写了当时湖州西部一带依山傍水、桃花盛开的美景，也从一个侧面表明了这个区域是种植产出桃子最好的地区之一。吴兴桃的种植在湖州吴兴可谓源远流长，早在1 000多年以前妙西镇、道场乡一带就有种植记录。吴兴桃主要有两种，一种是黄桃，一种是庚村阳桃。

　　优越的气候条件、丰富的种质资源及良好的栽培技术体系，使得桃产业成为吴兴实现一二三产深度融合、带动农民致富、实现乡村振兴的优势产业，并呈现进一步快速发展的趋势。"白鹭飞、流水清"的妙西镇白鹭谷具有得天独厚的天然生态环境和地理优势，种植出来的黄桃不仅果型大、外观美，而且产量高、品质优、甜度高，成为"生态吴兴"极具代表性的特色农产品之一。在当地农业农村部门和种植业经营主体的大力支持下，庚村阳桃也获得保护和发展。

2020年浙江省启动首批"浙江省农业标准化生产示范创建"（"一县一品一策"）项目，吴兴区桃产业列入其中。在该项目带动下，吴兴区农业农村局和浙江省农业科学院农产品质量安全与营养研究所以黄桃和庚村阳桃为重点，围绕两种桃产品的质量安全风险隐患排查、标准化生产技术提升、安全用药和品质提升等方面开展田间试验调查和研究。在前期工作基础上，形成本质量安全风险管控手册。

感谢浙江省农业农村厅、浙江省财政厅对"一县一品一策"项目的大力支持。本手册在编写过程中得到了相关专家的悉心指导，有关同行提供了相关资料，谨在此致以衷心的感谢。由于作者水平有限，加之编写时间仓促，书中难免存在疏漏，敬请广大读者批评指正。

编　者

2022年8月

目　　录

一、概　　述

吴兴区隶属于浙江省湖州市，地处长江三角洲中心区域，位于太湖南岸，踞苏浙皖沪三省一市的交界地带。吴兴区农业基础好，得天独厚的自然环境为桃产业发展提供了良好的条件。

近年来，吴兴区以农业特色强镇为依托，大力发展桃产业，全区黄桃种植面积6 000余亩*，产量7 200吨，总产值近1.2亿元，在妙西镇一带形成了浙北地区最大的黄桃生产基地，种植面积4 500多亩。同时，吴兴区与浙江省农业科学院等单位积极合作，开展黄桃新品种引进、示范、推广及栽培技术研究，主栽品种从最初只有锦绣、锦香、锦园、锦花4个发展到目前的20多个；形成湖州市地方标准《黄桃露地栽培技术规程》（DB 3305/T 145—2020）以及"桃Y形整形技术""黄桃套种松花菜""黄桃套种冬季油菜"等一系列栽培技术模式。

庚村阳桃是湖州的地方特色桃品种，栽培历史悠久，成熟早、糖度高、红肉硬质，曾深受种植者、消费者喜爱。据传民间有俚语"庚村的阳桃，谢家山的柿，双塘的雪藕，碧浪湖的白糖

---

* 亩为非法定计量单位，1亩＝1/15公顷。——编者注

瓜"，赞美湖州地方特色优质农产品，庚村阳桃就排在首位。庚村阳桃一般在6月中旬成熟，属于早熟品种。庚村阳桃果实成熟时果肉呈紫红色或鲜红色，其风味浓郁甜香，质地脆嫩爽口，大部分品种果肉可与桃核顺利分离。平均单果重100克左右，平均可溶性固形物含量12.1%。产量低，盛产期平均每棵树结果25千克左右。研究表明，不同桃品种表现出不同的抗氧化能力，红肉桃的抗氧化组分含量以及抗氧化能力极显著高于白肉桃、黄肉桃，果实不同部位抗氧化能力也不同，同一品种果皮的相对抗氧化能力值平均为果肉的1.7倍。调查显示，20世纪80年代庚村阳桃仅在庚村全村就有约70公顷的栽培面积，畅销上海等周边地区。但近20年来，其种植面积不断缩减。在原产地已不足30株的情况下，为更好地开发利用庚村阳桃这一湖州传统特色水果，加强对地域特色珍稀良种的保护，克服庚村阳桃种性退化，2006年以来农业相关部门开展了湖州庚村阳桃种质资源保护与繁育研究，在湖州庚村设阳桃保护地1处，在湖州市吴兴区东林银都果园新建了庚村阳桃园1个，在湖州城郊道场浜村繁育约14公顷的种质资源保护圃。

近年来，在湖州市各级政府的重视下，桃农们的品牌意识不断增强，桃品质不断提升，湖州市"城山沟"杯桃王争霸赛、吴兴区仙桃大会等赛事深入人心，湖州市桃产业发展迅速。黄桃和庚村阳桃逐渐成为吴兴区具有区域特色的农产品"金名片"。

庚村阳桃

黄　桃

桃树套种油菜

桃树套种蚕豆

二、桃质量安全要求

1.农药最大残留限量

桃（*Prunus persica*）属蔷薇科植物，果实口感细腻，酸甜适口，味美多汁，深受消费者的喜爱。在我国《食品安全国家标准　食品中农药最大残留限量》（GB 2763—2021）中，桃归类于水果（核果类）。吴兴黄桃和庚村阳桃均属于鲜食产品。根据GB 2763—2021的规定，桃的农药最大残留限量见表1。

表1　桃的农药最大残留限量

农药中文名称	农药英文名称	用途	最大残留限量（毫克／千克）	每日允许摄入量（毫克／千克）（以体重计）
阿维菌素	abamectin	杀虫剂	0.03	0.001
胺苯吡菌酮	fenpyrazamine	杀菌剂	4*	0.3
百菌清	chlorothalonil	杀菌剂	0.2	0.02
保棉磷	azinphos-methyl	杀虫剂	2	0.03

（续）

农药中文名称	农药英文名称	用途	最大残留限量（毫克／千克）	每日允许摄入量（毫克／千克）（以体重计）
苯丁锡	fenbutatin oxide	杀螨剂	7	0.03
苯氟磺胺	dichlofluanid	杀菌剂	5	0.3
苯菌酮	metrafenone	杀菌剂	0.7*	0.3
苯醚甲环唑	difenoconazole	杀菌剂	0.5	0.01
吡虫啉	imidacloprid	杀虫剂	0.5	0.06
吡蚜酮	pymetrozine	杀虫剂	0.5	0.03
吡唑醚菌酯	pyraclostrobin	杀菌剂	1	0.03
丙环唑	propiconazole	杀菌剂	5	0.07
虫酰肼	tebufenozide	杀虫剂	0.5	0.02
除虫脲	diflubenzuron	杀虫剂	0.5	0.02
春雷霉素	kasugamycin	杀菌剂	1*	0.113
代森联	metiram	杀菌剂	5	0.03

（续）

农药中文名称	农药英文名称	用途	最大残留限量（毫克／千克）	每日允许摄入量（毫克／千克）（以体重计）
敌敌畏	dichlorvos	杀虫剂	0.1	0.004
敌螨普	dinocap	杀菌剂	0.1*	0.008
毒死蜱	chlorpyrifos	杀虫剂	3	0.01
多果定	dodine	杀菌剂	5*	0.1
多菌灵	carbendazim	杀菌剂	2	0.03
二嗪磷	diazinon	杀虫剂	0.2	0.005
二氰蒽醌	dithianon	杀菌剂	2*	0.01
粉唑醇	flutriafol	杀菌剂	0.6	0.01
呋虫胺	dinotefuran	杀菌剂	0.8	0.2
氟吡菌酰胺	fluopyram	杀菌剂	1*	0.01
氟啶虫胺腈	sulfoxaflor	杀虫剂	0.4*	0.05
氟啶虫酰胺	flonicamid	杀虫剂	0.7	0.07

（续）

农药中文名称	农药英文名称	用途	最大残留限量（毫克／千克）	每日允许摄入量（毫克／千克）（以体重计）
氟硅唑	flusilazole	杀菌剂	0.2	0.007
氟氯氰菊酯和高效氟氯氰菊酯	cyfluthrin and beta-cyfluthrin	杀虫剂	0.5	0.04
氟唑菌酰胺	fluxapyroxad	杀菌剂	1.5*	0.02
环酰菌胺	fenhexamid	杀菌剂	10*	0.2
活化酯	acibenzolar-S-methyl	杀菌剂	0.2	0.08
甲氨基阿维菌素苯甲酸盐	emamectin benzoate	杀虫剂	0.03	0.000 5
腈苯唑	fenbuconazole	杀菌剂	0.5	0.03
腈菌唑	myclobutanil	杀菌剂	3	0.03
抗蚜威	pirimicarb	杀虫剂	0.5	0.02
克菌丹	captan	杀菌剂	20	0.1
联苯三唑醇	bitertanol	杀菌剂	1	0.01

（续）

农药中文名称	农药英文名称	用途	最大残留限量（毫克／千克）	每日允许摄入量（毫克／千克）（以体重计）
螺虫乙酯	spirotetramat	杀虫剂	2*	0.05
螺螨酯	spirodiclofen	杀螨剂	2	0.01
氯苯嘧啶醇	fenarimol	杀菌剂	0.5	0.01
氯虫苯甲酰胺	chlorantraniliprole	杀虫剂	2*	2
氯氟氰菊酯和高效氯氟氰菊酯	cyhalothrin and lambda-cyhalothrin	杀虫剂	0.5	0.02
氯氰菊酯和高效氯氰菊酯	cypermethrin and beta-cypermethrin	杀虫剂	1	0.02
氯硝胺	dicloran	杀菌剂	7	0.01
马拉硫磷	malathion	杀虫剂	6	0.3
醚菊酯	etofenprox	杀虫剂	0.6	0.03
嘧菌酯	azoxystrobin	杀菌剂	2	0.2
嘧霉胺	pyrimethanil	杀菌剂	4	0.2

（续）

农药中文名称	农药英文名称	用途	最大残留限量（毫克／千克）	每日允许摄入量（毫克／千克）（以体重计）
灭幼脲	chlorbenzuron	杀虫剂	2	1.25
嗪氨灵	triforine	杀菌剂	5*	0.03
氰戊菊酯和S-氰戊菊酯	fenvalerate and esfenvalerate	杀虫剂	1	0.02
噻嗪酮	buprofezin	杀虫剂	9	0.009
噻唑锌	zinc thiazole	杀菌剂	1*	0.01
双甲脒	amitraz	杀螨剂	0.5	0.01
戊菌唑	penconazole	杀菌剂	0.1	0.03
戊唑醇	tebuconazole	杀菌剂	2	0.03
溴氰虫酰胺	cyantraniliprole	杀虫剂	1.5*	0.03
溴氰菊酯	deltamethrin	杀虫剂	0.05	0.01
亚胺硫磷	phosmet	杀虫剂	10	0.01
乙基多杀菌素	spinetoram	杀虫剂	0.3*	0.05

（续）

农药中文名称	农药英文名称	用途	最大残留限量（毫克／千克）	每日允许摄入量（毫克／千克）（以体重计）
异菌脲	iprodione	杀菌剂	10	0.06
2,4-滴和2,4-滴钠盐	2,4-D and 2,4-D Na	除草剂	0.05	0.01
胺苯磺隆	ethametsulfuron	除草剂	0.01	0.2
巴毒磷	crotoxyphos	杀虫剂	0.02*	暂无
百草枯	paraquat	除草剂	0.01*	0.005
倍硫磷	fenthion	杀虫剂	0.05	0.007
苯嘧磺草胺	saflufenacil	除草剂	0.01*	0.05
苯线磷	fenamiphos	杀虫剂	0.02	0.000 8
吡氟禾草灵和精吡氟禾草灵	fluazifop and fluazifop-P-butyl	除草剂	0.01	0.004
吡噻菌胺	penthiopyrad	杀菌剂	4*	0.1
吡唑萘菌胺	isopyrazam	杀菌剂	0.4*	0.06

（续）

农药中文名称	农药英文名称	用途	最大残留限量（毫克／千克）	每日允许摄入量（毫克／千克）（以体重计）
丙炔氟草胺	flumioxazin	除草剂	0.02	0.02
丙森锌	propineb	杀菌剂	7	0.007
丙酯杀螨醇	chloropropylate	杀虫剂	0.02*	暂无
草铵膦	glufosinate-ammonium	除草剂	0.15	0.01
草甘膦	glyphosate	除草剂	0.1	1
草枯醚	chlornitrofen	除草剂	0.01*	暂无
草芽畏	2,3,6-TBA	除草剂	0.01*	暂无
敌百虫	trichlorfon	杀虫剂	0.2	0.002
敌草快	diquat	除草剂	0.02	0.006
地虫硫磷	fonofos	杀虫剂	0.01	0.002
丁硫克百威	carbosulfan	杀虫剂	0.01	0.01

（续）

农药中文名称	农药英文名称	用途	最大残留限量（毫克／千克）	每日允许摄入量（毫克／千克）（以体重计）
啶虫脒	acetamiprid	杀虫剂	2	0.07
啶酰菌胺	boscalid	杀菌剂	3	0.04
毒虫畏	chlorfenvinphos	杀虫剂	0.01	0.000 5
毒菌酚	hexachlorophene	杀菌剂	0.01*	0.000 3
对硫磷	parathion	杀虫剂	0.01	0.004
多杀霉素	spinosad	杀虫剂	0.2*	0.02
二溴磷	naled	杀虫剂	0.01*	0.002
伏杀硫磷	phosalone	杀虫剂	2	0.02
氟苯虫酰胺	flubendiamide	杀虫剂	2*	0.02
氟吡甲禾灵和高效氟吡甲禾灵	haloxyfop-methyl and haloxyfop-P-methyl	除草剂	0.02*	0.000 7
氟虫腈	fipronil	杀虫剂	0.02	0.000 2

（续）

农药中文名称	农药英文名称	用途	最大残留限量（毫克／千克）	每日允许摄入量（毫克／千克）（以体重计）
氟除草醚	fluoronitrofen	除草剂	0.01*	暂无
氟酰脲	Novaluron	杀虫剂	7	0.01
咯菌腈	fludioxonil	杀菌剂	5	0.4
格螨酯	2,4-dichlorophenyl benzenesulfonate	杀螨剂	0.01*	暂无
庚烯磷	heptenophos	杀虫剂	0.01*	0.003*
环螨酯	cycloprate	杀螨剂	0.01*	暂无
甲胺磷	methamidophos	杀虫剂	0.05	0.004
甲拌磷	phorate	杀虫剂	0.01	0.000 7
甲磺隆	metsulfuron-methyl	除草剂	0.01	0.25
甲基对硫磷	parathion-methyl	杀虫剂	0.02	0.003
甲基硫环磷	phosfolan-methyl	杀虫剂	0.03*	暂无
甲基异柳磷	isofenphos-methyl	杀虫剂	0.01*	0.003

（续）

农药中文名称	农药英文名称	用途	最大残留限量（毫克／千克）	每日允许摄入量（毫克／千克）（以体重计）
甲氰菊酯	fenpropathrin	杀虫剂	5	0.03
甲氧虫酰肼	methoxyfenozide	杀虫剂	2	0.1
甲氧滴滴涕	methoxychlor	杀虫剂	0.01	0.005
久效磷	monocrotophos	杀虫剂	0.03	0.000 6
克百威	carbofuran	杀虫剂	0.02	0.001
乐果	dimethoate	杀虫剂	0.01	0.002
乐杀螨	binapacryl	杀螨剂、杀菌剂	0.05*	暂无
联苯肼酯	bifenazate	杀螨剂	2	0.01
磷胺	phosphamidon	杀虫剂	0.05	0.000 5
硫丹	endosulfan	杀虫剂	0.05	0.006
硫环磷	phosfolan	杀虫剂	0.03	0.005
硫线磷	cadusafos	杀虫剂	0.02	0.000 5

（续）

农药中文名称	农药英文名称	用途	最大残留限量（毫克／千克）	每日允许摄入量（毫克／千克）（以体重计）
氯苯甲醚	chloroneb	杀菌剂	0.01	0.013
氯磺隆	chlorsulfuron	除草剂	0.01	0.2
氯菊酯	permethrin	杀虫剂	2	0.05
氯酞酸	chlorthal	除草剂	0.01*	0.01
氯酞酸甲酯	chlorthal-dimethyl	除草剂	0.01	0.01
氯唑磷	isazofos	杀虫剂	0.01	0.000 05
茅草枯	dalapon	除草剂	0.01*	0.03
嘧菌环胺	cyprodinil	杀菌剂	2	0.03
灭草环	tridiphane	除草剂	0.05*	0.003*
灭多威	methomyl	杀虫剂	0.2	0.02
灭螨醌	acequincyl	杀螨剂	0.01	0.023
灭线磷	ethoprophos	杀线虫剂	0.02	0.000 4

（续）

农药中文名称	农药英文名称	用途	最大残留限量 （毫克／千克）	每日允许摄入量 （毫克／千克） （以体重计）
内吸磷	demeton	杀虫/杀螨剂	0.02	0.000 04
噻草酮	cycloxydim	除草剂	0.09*	0.07
噻虫胺	clothianidin	杀虫剂	0.2	0.1
噻虫啉	thiacloprid	杀虫剂	0.5	0.01
噻虫嗪	thiamethoxam	杀虫剂	1	0.08
噻螨酮	hexythiazox	杀螨剂	0.3	0.03
三氟硝草醚	fluorodifen	除草剂	0.01*	暂无
三氯杀螨醇	dicofol	杀螨剂	0.01	0.002
杀草强	amitrole	除草剂	0.05	0.002
杀虫脒	chlordimeform	杀虫剂	0.01	0.001
杀虫畏	tetrachlorvinphos	杀虫剂	0.01	0.002 8
杀螟硫磷	fenitrothion	杀虫剂	0.5	0.006

（续）

农药中文名称	农药英文名称	用途	最大残留限量（毫克／千克）	每日允许摄入量（毫克／千克）（以体重计）
杀扑磷	methidathion	杀虫剂	0.05	0.001
水胺硫磷	isocarbophos	杀虫剂	0.05	0.003
四螨嗪	clofentezine	杀螨剂	0.5	0.02
速灭磷	mevinphos	杀虫剂、杀螨剂	0.01	0.000 8
特丁硫磷	terbufos	杀虫剂	0.01*	0.000 6
特乐酚	dinoterb	除草剂	0.01*	暂无
涕灭威	aldicarb	杀虫剂	0.02	0.003
肟菌酯	trifloxystrobin	杀菌剂	3	0.04
戊硝酚	dinosam	杀虫剂、除草剂	0.01*	暂无
烯虫炔酯	kinoprene	杀虫剂	0.01*	暂无
烯虫乙酯	hydroprene	杀虫剂	0.01*	0.1

（续）

农药中文名称	农药英文名称	用途	最大残留限量（毫克／千克）	每日允许摄入量（毫克／千克）（以体重计）
消螨酚	dinex	杀螨剂、杀虫剂	0.01*	0.002
辛硫磷	phoxim	杀虫剂	0.05	0.004
溴甲烷	methyl bromide	熏蒸剂	0.02*	1
氧乐果	omethoate	杀虫剂	0.02	0.000 3
乙酰甲胺磷	acephate	杀虫剂	0.02	0.03
乙酯杀螨醇	chlorobenzilate	杀螨剂	0.01	0.02
抑草蓬	erbon	除草剂	0.05*	暂无
茚草酮	indanofan	除草剂	0.01*	0.003 5
茚虫威	indoxacarb	杀虫剂	1	0.01
蝇毒磷	coumaphos	杀虫剂	0.05	0.000 3
治螟磷	sulfotep	杀虫剂	0.01	0.001

（续）

农药中文名称	农药英文名称	用途	最大残留限量（毫克／千克）	每日允许摄入量（毫克／千克）（以体重计）
唑螨酯	fenpyroximate	杀螨剂	0.4	0.01
艾氏剂	aldrin	杀虫剂	0.05	0.000 1
滴滴涕	DDT	杀虫剂	0.05	0.01
狄氏剂	dieldrin	杀虫剂	0.02	0.000 1
毒杀芬	camphechlor	杀虫剂	0.05*	0.000 25
六六六	HCH	杀虫剂	0.05	0.005
氯丹	chlordane	杀虫剂	0.02	0.000 5
灭蚁灵	mirex	杀虫剂	0.01	0.000 2
七氯	heptachlor	杀虫剂	0.01	0.000 1
异狄氏剂	endrin	杀虫剂	0.05	0.000 2

＊该限量为临时限量。

2.桃树上登记的农药品种

在中国农药信息网查询可知，截至2021年12月15日，我国登记在桃树上的农药品种有35项，具体见表2。

表2　桃树上已登记农药品种

序号	农药名称	农药类别
1	苯甲·吡唑酯	杀菌剂
2	苯甲·嘧菌酯	杀菌剂
3	春雷·喹啉铜	杀菌剂
4	春雷霉素	杀菌剂
5	多黏类芽孢杆菌	杀菌剂
6	腈苯唑	杀菌剂
7	腈菌唑	杀菌剂
8	硫黄	杀菌剂
9	噻唑锌	杀菌剂

（续）

序号	农药名称	农药类别
10	戊菌唑	杀菌剂
11	戊唑·噻唑锌	杀菌剂
12	小檗碱盐酸盐	杀菌剂
13	溴硝醇	杀菌剂
14	唑醚·代森联	杀菌剂
15	唑醚·啶酰菌	杀菌剂
16	唑醚·氟酰胺	杀菌剂
17	阿维·灭幼脲	杀虫剂
18	桉油精	杀虫剂
19	吡虫啉	杀虫剂
20	吡蚜·螺虫酯	杀虫剂
21	氟啶·啶虫脒	杀虫剂
22	氟啶虫胺腈	杀虫剂

（续）

序号	农药名称	农药类别
23	氟啶虫酰胺	杀虫剂
24	氟啶虫酰胺·联苯菊酯	杀虫剂
25	苦参碱	杀虫剂
26	联苯·噻虫啉	杀虫剂
27	螺虫·噻虫啉	杀虫剂
28	氯虫苯·溴氰	杀虫剂
29	氯氰·毒死蜱	杀虫剂
30	氰戊·敌敌畏	杀虫剂
31	噻虫·吡蚜酮	杀虫剂
32	双丙环虫酯	杀虫剂
33	苏云金杆菌	杀虫剂
34	梨小性迷向素	昆虫性信息素/杀虫剂
35	草铵膦	除草剂

三、产地环境要求

1.园地选择

（1）产地环境

我国《土壤环境质量　农用地土壤污染风险管控标准（试行)》（GB 15618—2018)、《环境空气质量标准》（GB 3095—2012）和《农田灌溉水质标准》（GB 5084—2021）对土壤质量、空气质量和灌溉水质均提出了质量安全要求，具体见表3至表5。

表3　土壤质量标准（GB 15618—2018)

单位：毫克／千克

污染物项目		风险筛选值			
		pH≤5.5	5.5<pH≤6.5	6.5<pH≤7.5	pH>7.5
镉	水田	0.3	0.4	0.6	0.8
	其他	0.3	0.3	0.3	0.6

（续）

污染物项目		风险筛选值			
		pH≤5.5	5.5＜pH≤6.5	6.5＜pH≤7.5	pH＞7.5
汞	水田	0.5	0.5	0.6	1.0
	其他	1.3	1.8	2.4	3.4
砷	水田	30	30	25	20
	其他	40	40	30	25
铅	水田	80	100	140	240
	其他	70	90	120	170
铬	水田	250	250	300	350
	其他	150	150	200	250
铜	水田	150	150	200	200
	其他	50	50	100	100
镍		60	70	100	190
锌		200	200	250	300

注：1.重金属和类金属砷均按元素总量计。

2.对于水旱轮作地，采用其中较严格的风险筛选值。

表4 环境空气质量标准（GB 3095—2012）

污染物项目	平均时间	浓度限值		单位
		一级	二级	
二氧化硫（SO_2）	年平均	20	60	微克/米^3
	24小时平均	50	150	
	1小时平均	150	500	
二氧化氮（NO_2）	年平均	40	40	
	24小时平均	80	80	
	1小时平均	200	200	
一氧化碳（CO）	24小时平均	4	4	毫克/米^3
	1小时平均	10	10	
臭氧（O_3）	日最大8小时平均	100	160	微克/米^3
	1小时平均	160	200	
颗粒物（粒径≤10微米）	年平均	40	70	
	24小时平均	50	150	
颗粒物（粒径≤2.5微米）	年平均	15	35	
	24小时平均	35	75	

表5 农田灌溉水质标准（GB 5084—2021）

项目类别	作物种类		
	水田作物	旱地作物	蔬菜
pH	5.5 ~ 8.5		
水温（℃）	≤ 35		
悬浮物（毫克/升）	≤ 80	≤ 100	≤ 60[a]，≤ 15[b]
五日生化需氧量（BOD_5）（毫克/升）	≤ 60	≤ 100	≤ 40[a]，≤ 15[b]
化学需氧量（CODcr）（毫克/升）	≤ 150	≤ 200	≤ 100[a]，≤ 60[b]
阴离子表面活性剂（毫克/升）	≤ 5	≤ 8	≤ 5
氯化物（以 Cl^- 计）（毫克/升）	≤ 350		
硫化物（以 S^{2-} 计）（毫克/升）	≤ 1		
全盐量（毫克/升）	≤ 1 000(非盐碱土地区)，≤ 2 000(盐碱土地区)		
总铅（毫克/升）	≤ 0.2		
总镉（毫克/升）	≤ 0.01		
铬（六价）（毫克/升）	≤ 0.1		
总汞（毫克/升）	≤ 0.001		
总砷（毫克/升）	≤ 0.05	≤ 0.1	≤ 0.05

（续）

项目类别	作物种类		
	水田作物	旱地作物	蔬菜
每升水中粪大肠菌群数	≤ 40 000	≤ 40 000	≤ 20 000ᵃ， ≤ 10 000ᵇ
每10升水中蛔虫卵数	≤ 20		≤ 20ᵃ，≤ 10ᵇ

a 加工、烹调及去皮蔬菜。

b 生食类蔬菜、瓜类和草本水果。

（2）土壤条件

土壤质地以排水良好、土层深厚的沙壤土为宜，pH以5.5 ～ 7.0为宜。地下水位宜在1米以下。

2.园地规划

园地规划包括：划分小区、设置道路及排灌系统等。

平地及缓坡地的栽植行为南北向；山地、丘陵地的行向应按等高位置确定；坡度大于25°不宜栽植。

基地设有蓄水池和滴灌设施，有条件的基地实行水肥一体化管理。

四、桃园标准化种植技术

1.苗木质量

选用苗高80厘米以上、嫁接口5厘米以上且直径大于1厘米的嫁接苗，砧木以毛桃为宜。栽植前修剪苗木根部。根据我国国家标准《桃苗木》（GB 19175—2010），对于一年生、二年生和芽苗的质量安全要求见表6至表8。

表6　一年生苗的质量要求

项目			不同级别要求	
			一级	二级
品种与砧木纯度（%）			≥95.0	
根	侧根数量（条）	实生砧	普通桃、新疆桃、光核桃	≥5	≥4
			山桃、甘肃桃	≥4	≥3
		营养砧	≥4	≥3

（续）

项目		不同级别要求	
		一级	二级
根	侧根粗度（厘米）	≥0.5	≥0.4
	侧根长度（厘米）	≥15.0	
	侧根分布	均匀，舒展而不卷曲	
	病虫害	无根癌病、根结线虫病和根腐病	
	砧段长度（厘米）	10.0～15.0	
	苗木高度（厘米）	≥90.0	≥80.0
	苗木粗度（厘米）	≥1.0	≥0.8
	茎倾斜度（°）	≤15.0	
	根皮与茎皮	无干缩皱皮和新损伤处，老损伤处总面积≤1.0厘米^2	
	枝干病虫害	无介壳虫和流胶病	
芽	整形带内饱满叶芽数（个）	≥8	≥6
	接合部愈合程度	愈合良好	
	砧桩处理与愈合程度	砧桩剪除，剪口环状愈合或完全愈合	

表7 二年生苗的质量要求

项目				不同级别要求	
				一级	二级
品种与砧木纯度（%）				≥95.0	
根	侧根数量（条）	实生砧	普通桃、新疆桃、光核桃	≥5	≥4
			山桃、甘肃桃	≥4	≥3
		营养砧		≥1	≥3
	侧根粗度（厘米）			≥0.5	≥0.4
	侧根长度（厘米）			≥20.0	
	侧根分布			均匀，舒展而不卷曲	
	病虫害			无根癌病、根结线虫病和根腐病	
砧段长度（厘米）				10.0～15.0	
苗木高度（厘米）				≥100.0	≥90.0
苗木粗度（厘米）				≥1.5	≥1.0
茎倾斜度（°）				≤15.0	
根皮与茎皮				无干缩皱皮和新损伤处，老损伤处总面积≤1.0厘米^2	
枝干病虫害				无介壳虫和流胶病	

（续）

项目		不同级别要求	
		一级	二级
芽	整形带内饱满叶芽数（个）	≥10	≥8
	接合部愈合程度	愈合良好	
	砧桩处理与愈合程度	砧桩剪除，剪口环状愈合或完全愈合	

表8　芽苗的质量要求

项目			不同级别要求	
			一级	二级
根	品种与砧木纯度（%）		≥95.0	
	侧根数量（条）	实生砧　普通桃、新疆桃、光核桃	≥5	
		山桃、甘肃桃	≥4	
		营养砧	≥4	
	侧根粗度（厘米）		≥0.5	

（续）

项目		不同级别要求	
		一级	二级
根	侧根长度（厘米）	≥20.0	
	侧根分布	均匀，舒展而不卷曲	
	病虫害	无根癌病、根结线虫病和根腐病	
茎	砧段长度（厘米）	10.0～15.0	
	砧段粗度（厘米）	≥1.2	
	病虫害	无介壳虫和流胶病	
芽		饱满，不萌发，结芽愈合良好，芽眼露出	

2.栽植时间

秋季落叶后至次年春季桃树萌芽前均可栽植，以冬栽为宜。

3.栽植密度

栽植密度应根据园地的立体条件（包括气候、土壤、地势等）、整形修剪方式和管理水平等而定，一般行距为5米左右，株距为2～4米，每亩栽33～66株。

4.栽植方法

定植前1个月开沟起垄，确定宽度1米的定植带，将表土与发酵好的粪肥混匀添加在定植带上，起垄，高度40～60厘米，每亩施基肥3 000～5 000千克。挖定植穴，大小以30～50厘米为宜。保持垄间排水通畅。

定植时，将根系受伤部分剪平，用1%硫酸铜溶液浸5分钟后再放到2%石灰液中浸2分钟进行消毒为宜。将根系舒展开，苗木扶正，嫁接口露出地面，朝南方向，边填土边轻轻向上提苗、踏实，使根系与土充分接触。栽植深度以根颈部略高出地面为宜，栽后及时灌透水。

5.主要树形

（1）两主枝开心形

干高40～50厘米，两主枝夹角为50°～60°，主枝上着生结果枝组或直接培养结果枝。

（2）三主枝开心形

干高40～50厘米，选留3个主枝，错落有致地分布在主干上；主枝分枝夹角为40°～60°；每个主枝配置2～3个副主枝，呈顺时针排列，副主枝开张角度约为60°，同时在主枝和副主枝上配置侧枝和结果枝组。

6.两主枝开心形修剪

（1）主枝的培养

萌芽后将主干下部距地面20厘米以内的芽全部抹掉，主干上部20厘米以内的整形带中至少有2个方向不同的健壮芽。当新梢长至50厘米左右时，选留2个方向相反、伸向行间、生长势相近、发育良好的邻近主枝，选出的两个主枝上下错开10～15厘米，立杆绑缚，杆的立向要伸向行间，两主枝夹角约为60°，对其他新梢进行摘心控制。1个月后再对主枝进行一次绑缚，同时对主枝上的直立副梢摘心。定干后选用粗壮的新梢培养第一主枝，第二主枝选原主干延长枝，拉伸倾斜约30°为宜。

（2）结果枝的培养

以保留长、中果枝为主，去弱留强，疏去细弱枝，20厘米以内不应有2个平行的长果枝，二年生枝上的果枝回缩至强枝部位。根据产量确定留枝量，以每个长果枝3～4个果为宜。

7.三主枝开心形修剪

（1）主枝的培养

定植后第一年，在4—5月选择长势较强、方位角较好的3个新梢作为主枝培养，其余新梢剪掉。冬季修剪时，主枝延长枝的剪留长度一般不超过50厘米，若长势较强，可留100厘米左右。

（2）副主枝的培养

定植后，在距主干50～60厘米处选侧生强枝进行开角。冬季修剪时应轻剪长放，并及时回缩生长势弱的副主枝，注意副主枝的高度应低于主枝，保持从属关系。

（3）结果枝组的培养

在主枝和副主枝上，选留位置适当的背上枝、两侧枝，采用多次短截、摘心或先放后缩的方法培养结果枝组，同侧间隔30～50厘米配置1个结果枝组。

8.花果管理

（1）疏花疏果

根据品种特点和果实成熟期，通过整形修剪、疏花疏果等措施调节产量。

黄桃的疏果应分两次进行。第一次在花后25～30天（4月底至5月初）进行，根据果实生长情况，疏去僵果、小果、畸形果、并生果及病虫果，疏去朝天果、顶端果和基部果。第二次也称定果，在套袋前（5月中旬至6月上旬）进行，长果枝和徒长性结果枝留3个果，中果枝留2个果，短果枝留1个果或不留果。根据树势、肥水条件以及气候等因素灵活掌握疏果的时期和疏果的程度。黄桃的产量保持在1 800～2 000千克/亩为宜。

庚村阳桃的疏花在大蕾期进行，重视疏花可减少疏果工作量。疏果分两次进行。第一次在花后25～30天（4月底至5月初）进行，长果枝留

6～10个果，中果枝留4～5个果，短果枝留2～3个果。第二次在生理性落果之后进行，也称定果。在套袋前（5月中下旬），长果枝和徒长性结果枝留3～5个果，或每隔20厘米留1个果，留枝条中部果；中果枝留1～2个果；短果枝留1个果或不留果。根据树势、肥水条件以及天气等因素灵活掌握疏果的时期和留果量，一般每株留200～250个质量约为100克的果实。庚村阳桃的产量保持在500～750千克/亩为宜。

疏果的注意事项：先里后外，先上后下；首先疏除小果、双果、畸形果、病虫果，其次是朝天果、无叶果枝上的果。

（2）果实套袋解袋

在定果后宜及时套袋。套袋顺序应遵循先里后外、先上后下的原则。套袋前应喷杀菌剂和杀虫剂各1次。

解袋一般宜在果实成熟前7～10天进行。解袋前，先将袋底部打开，逐渐将袋去除。在雨水集中地区，果实成熟前不能摘袋。

五、土壤、肥料与水分管理

1.土壤管理

（1）深翻改土

建园时全园深翻，以后每隔3年在10月进行深翻扩穴，在栽植穴（栽植带）外挖环状沟或平行沟，沟宽30厘米，深30～45厘米。树盘翻耕深度10～20厘米。土壤与有机肥混匀回填后灌水。

（2）中耕

每年宜进行1～2次中耕操作，中耕深度5～10厘米，疏松土壤，除去恶性杂草，勿伤新根。

（3）覆草和埋草

可用秸秆、稻草等覆盖在树盘上，厚度10～15厘米，上面压少量土。

（4）生草栽培

桃园的间作作物应选择与桃树无共性病虫害的

浅根、矮秆作物，以豆科作物和禾本科作物为宜。提倡实行生草栽培，如白三叶（白车轴草）、紫花苜蓿、黑麦草等，适时刈割翻埋于土壤中或覆盖于树盘。树盘周边50厘米内不宜生草。

2.肥料管理

（1）原则

按照《肥料合理使用准则 通则》（NY/T 496—2010）规定执行。所施用的肥料不应对果园环境和果实品质产生不良影响，应采用经过农业行政主管部门登记或免于登记的肥料。提倡根据土壤和叶片的营养分析进行配方施肥和平衡施肥。

施肥应坚持少量多施的原则，分为基肥、芽前肥、壮果肥、采后肥。

控制每年化肥用量不超过40千克/亩，氮肥用量不超过16千克/亩。

（2）施肥方法

基肥：秋季施基肥，施肥量占全年的70%～80%，以有机肥为主，成林桃园每亩施腐熟厩肥1 000～2 000千克或菜籽饼200～300千克，过磷酸钙50千克。施肥方法为沟施，在树冠外缘挖放射状沟、环状沟或平行沟，沟深30～45厘米，肥和土充分混合后施入。

芽前肥：以氮肥为主，辅以硼肥，宜在2月中下旬施入，平均每亩施尿素10千克。

壮果肥：以钾肥为主，宜在5月下旬亩施高钾型复合肥30千克，树势弱、结果多的桃树宜适当增施壮果肥。

采后肥：果实采收后，结果多、养分消耗大的弱树每亩追施尿素10千克。

叶面追肥：叶面喷肥仅作为营养补充，以0.2%～0.3%的磷酸二氢钾溶液为宜。

3.水分管理

（1）灌溉

芽萌动期、果实迅速膨大期和落叶后应及时灌溉。宜采用滴灌方式在早晚进行。

（2）开沟排水

在建园时，根据栽植模式和株行距规划，设置排水系统，围沟深1米，条沟深60～80厘米。在多雨季节保持沟渠畅通，及时排水，做到雨后无积水。

六、病虫害防治

1.主要病虫害

黄桃和庚村阳桃的主要病害有：缩叶病、细菌性穿孔病、褐腐病、炭疽病、流胶病等，主要虫害有：介壳虫、红蜘蛛、桃蛀螟、蚜虫、刺蛾、梨网蝽、梨小食心虫。此外，还易遭受鸟害。

缩叶病	细菌性穿孔病	褐腐病	炭疽病
做好土壤、肥料、水分管理，精心整形修剪，改善通风透光条件。发现病害及时清除。	合理修剪，改善树体通风透光条件。越冬清园，及时剪除病枝，减少病原基数。	实行果实套袋。发病前或发病初期，使用10%小檗碱可湿性粉剂800～1000倍液，对树冠均匀喷雾。	及时清洁果园，避免积水。增强树势，提高抗病能力。

流胶病	介壳虫、红蜘蛛	桃蛀螟	蚜虫
	 介壳虫　　红蜘蛛		
做好土壤、肥料、水分管理，避免酸碱度过高。发现病害及时清除。	做好清园工作，结合冬春修剪，剪除被害枝梢，及时打扫落叶，清除杂草，带出果园集中销毁。萌芽前与缩叶病一并防治。	采用黑光灯或糖醋液诱杀。在桃蛀螟孵化盛期至幼虫蛀果初期使用苏云金杆菌喷雾。	创造良好的外部环境，桃园附近不宜种植白菜类等寄主作物，以减少繁殖场所。
刺蛾	梨网蝽	梨小食心虫	
结合冬季和春季修剪，发现刺蛾卵应及时剪除并带出田块销毁。	抓住关键适期防治。可使用1%苦皮藤素乳油2 000倍液防治。	及时套袋。避免与梨、杏等混栽。及时清除果园落果并拉至园外销毁。	

2.防治原则

积极贯彻"预防为主，综合防治"的植保方针。以农业防治和物理防治为基础，提倡生物防治，科学使用化学防治技术，按农药商品包装的标签使用。

3.农业防治

冬季清园，减少果园病原基数和越冬虫源；合理修剪，保持树冠通风透光良好；合理负载、科学施肥，保持树体健壮；及时摘除病虫枝；雨后及时排水，采用地面覆膜、地布覆盖等方式降低果园湿度。

4.物理防治

根据病虫害生物学特性，采用色板、糖醋液、杀虫灯、性信息素等诱杀害虫。

防鸟网

迷向丝

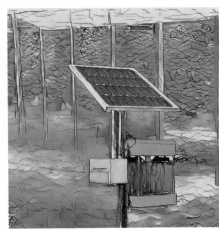

太阳能杀虫灯

5.生物防治

保护瓢虫、草蛉、捕食螨等天敌；采用"以菌治虫，以菌治菌"的方法，用苏云金杆菌、金龟子绿僵菌、白僵菌、多黏类芽孢杆菌等生物农药防治病虫害。

6.化学防治

主要病虫害化学防治措施见表9。

表9　化学防治措施

病虫害名称	危害症状	防治措施
缩叶病	叶片微微卷曲，叶面上出现黄绿色的病斑，病斑后期逐渐扩大	一般在桃树发芽前15天左右喷洒3～5波美度石硫合剂；越冬时铲除病叶
细菌性穿孔病	春季叶片出现近圆形或不规则褐色病斑，枝条出现暗褐色小疱疹；夏秋季枝条皮孔中心出现水渍状圆形暗紫色斑点	用40%噻唑锌悬浮剂600～1 000倍液喷雾，或用40%戊唑·噻唑锌悬浮剂800～1 200倍液喷雾

（续）

病虫害名称	危害症状	防治措施
褐腐病	春季嫩叶边缘出现褐色水渍状病斑	春季与细菌性穿孔病一并防治；套袋前用10%苯醚甲环唑水分散剂2 000倍液防治
炭疽病	叶片或果实出现长圆形褐色病斑	套袋前与褐腐病一并防治
流胶病	枝干渗出胶状物	用70%甲基硫菌灵可湿性粉剂1 500倍液喷雾；冬季石灰涂白
红蜘蛛、介壳虫	红蜘蛛：受害处出现斑点，初期呈淡绿色，然后逐渐发白。后期叶片整片发白，叶片上有许多灰尘状蜕皮壳，叶片还会脱落 介壳虫：叶片受害后，变黄脱落；枝条受害后，表面十分粗糙，以至枯死；果实受害后，果面出现斑点，不能正常着色，果皮干缩，汁少，风味淡	萌芽前与缩叶病一并防治，萌芽前清除越冬卵

（续）

病虫害名称	危害症状	防治措施
蚜虫	蚜虫聚集于嫩梢取食汁液。嫩组织受害后，形成凹凸不平的皱缩，排泄的蜜露常导致煤烟病发生	用75%吡蚜·螺虫酯4 000～6 000倍液喷雾，或用50%氟啶虫胺腈15 000～20 000倍液喷雾
桃蛀螟	幼果蛀孔外流透明胶质，与颗粒虫粪黏结	套袋前与蚜虫一并防治
刺蛾	叶片残留透明状表皮，叶背被幼虫取食	用2.5%溴氰菊酯乳油3 000倍液喷雾，或用20%氰戊菊酯乳油3 000倍液喷雾
梨网蝽	叶片苍白色，叶背有黑褐色虫粪和黄色粉液，成虫和若虫群集于叶背	与刺蛾一并防治
梨小食心虫	危害新梢时，多从新梢顶端叶片的叶柄基部蛀入髓部，由上向下蛀食，蛀孔外有虫粪排出和树胶流出，被害嫩梢的叶片逐渐凋萎下垂	采用梨小性迷向素，距地面1.5～1.8米处挂条，33～43条/亩；用7%氯虫苯·溴氰悬浮剂3 000～5 000倍液喷雾，或用32 000国际单位/毫克苏云金杆菌可湿性粉剂400～800倍液喷雾

七、采收贮运

综合果实成熟度、市场需求和运输等条件，确定采收时期。采收时应按照由外向内、由上向下的顺序分批采摘，并注意轻拿轻放，避免机械损伤。装箱时做好分级包装及贮运工作。

在采收时，应轻采、轻放、边采收边分级包装，不宜多次翻动。在采收、分级过程中，使用的工具应清洁卫生。

八、包装标识

包装材料应无毒、无害、清洁、柔软，具有一定的透气性。外包装材料还应牢固、美观、干燥。采后鲜销或短距离运输的，包装规格、材料和技术应遵循方便适用、卫生、经济的原则。

每个包装内的桃产地、品种、等级、成熟度均应相同。

外包装箱（盒）上应标明桃品质、产地、果实规格、果品等级、净含量、装箱日期、地理标志产品专用标志、执行标准编号等内容。

九、农产品地理标志

2021年，"妙西黄桃"成功获得农业农村部农产品地理标志登记保护。"妙西黄桃"农产品地理标志地域保护范围为湖州市吴兴区妙西镇、埭溪镇、道场乡，地理坐标为东经119°51′—120°08′，北纬30°36′—30°51′。生产地域范围为：浙江省湖州市吴兴区所属的妙西镇、埭溪镇、道场乡3个乡镇共计33个行政村。

"妙西黄桃"感官品质特征：果实呈圆形或椭圆形，果形大、整齐，果面平整；果皮黄色或橙黄色，绒毛较密、粗短，皮薄，不易剥离；果肉黄色，硬溶质，近核部分有红晕，甜酸适中，有清香味，果核扁圆形，核小、粘核。

"妙西黄桃"理化品质指标：总酸≤1.35克/千克，可溶性固形物含量≥12.20%，每100克果实β-胡萝卜素含量≥250微克。

十、承诺达标合格证和追溯二维码

桃上市销售时，相关企业、合作社、家庭农场等规模生产主体应出具承诺达标合格证。

承诺达标合格证

我承诺对生产销售的食用农产品:

□ 不使用禁用农药兽药、停用兽药和非法添加物

□ 常规农药兽药残留不超标

□ 对承诺的真实性负责

承诺依据:

□ 委托检测   □ 自我检测

□ 内部质量控制   □ 自我承诺

— — — — — — — — — — — — — — — —

产品名称: 数量(重量):
产　　地:
生产者盖章或签名:
联系方式:
开具日期: 年   月   日

鼓励使用二维码等现代信息技术和网络技术，建立产品追溯信息体系，将桃从生产、运输流通到销售等各节点信息互联互通，实现桃产品从生产到餐桌的全程质量控制。

参 考 文 献

季冬梅，2021.桃树整形修剪[J].西北园艺（综合）（1）: 34-36.

孟进，2020.桃树栽培技术及病虫害防治[J].农业开发与装备（2）: 232-233.

孙彩霞，于国光，赵学平，等，2020.特色农产品质量安全精准管控技术的研究与应用——浙江省"一品一策"的实践与探索[J].农产品质量与安全（5）: 49-52.

汪心国，宁召程，李明丽，等，2021.黄桃栽培技术[J].林木果树（11）: 36-37.

汪祖华，庄恩及，2001.中国果树志·桃卷[M].北京:中国林业出版社.

王彩君，2013.桃树上如何进行疏果套袋[J].农民致富之友（2）: 60.

王克文，余方德，稽发根，2001.湖州市志·上卷[M].北京:昆仑出版社: 776.

王莉，殷益明，黄伟婷，等，2019.庚村阳桃及几个红肉桃品种的品质性状比较[J].浙江农业科学，60（1）: 109-111, 116.

王萍，2015.桃二主枝Y字形简化修剪技术[J].河北林业科技（6）: 99.

徐培英，吴敬华，郑洪广，2020.关于浙北区域农业特色产业提升实践及探讨[J].浙江农业科学，61（8）: 1682-1684.

杨礼茂，姚义玲，2021.农产品区域公用品牌价值共创研究[J].科技创业月刊，34（6）: 148-155.

姚月平, 王卫国, 2019.桃园绿色生产技术探讨[J]. 上海农业科技 (3): 67-68.

殷益明, 王莉, 庞钰洁, 等, 2018. 庚村阳桃生物学特性及品质评价[J]. 浙江农业科学, 59 (1): 22-23.

张慧琴, 周慧芬, 汪末根, 等, 2019.浙江省桃产业现状与发展思路[J].浙江农业学, 60 (1): 1-3, 8.